DESCRIPTION

DE

LA VISION.

DESCRIPTION

DE

LA VISION.

Par M. DEGRAVERS, Oculiste.

Fronte capillata est, post est occasio Calva.

Prix 24 sols.

A LONDRES,

Chez SHORN, dans le Strand,

M. DCC. LXXVI.

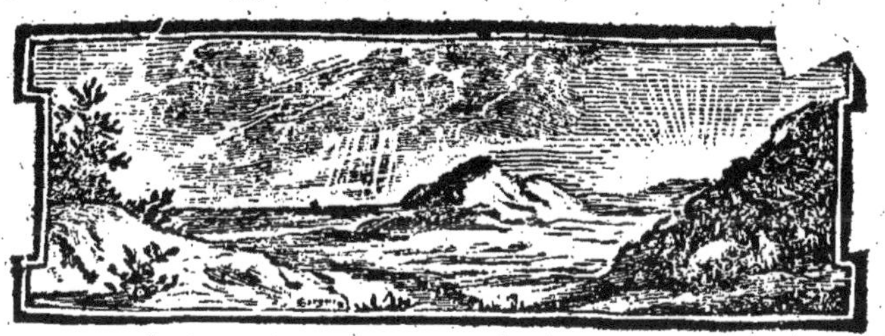

DESCRIPTION
DE
LA VISION.

INTRODUCTION.

LA Viſion eſt auſſi facile à concevoir, qu'elle a ſemblé juſqu'ici difficile. Si l'on fait attention que la fauſſe application des expériences qui ont été faites à ce ſujet, a beaucoup contribué à nous en éloigner la connoiſſance, on ne doit plus être étonné.

Comment a-t-on pu dire que nous voyons les objets renverſés ! Etoit-ce après avoir obſervé que quand le globe de l'œil a ſes tuniques poſtérieures diſſéquées, & que cet organe eſt placé vis-à-vis d'un objet, l'image s'en trouve ſur la Retine, mais tracé dans un ſens renverſé ? .... Qui pouvoit donner idée que les images ſe peignent ſur la Retine, & qu'il exiſte une image aërienne entre le globe de l'œil & l'objet ! Etoit-ce parce que le mélange de deux couleurs ne peut ſe faire que hors de nos yeux, l'un couvert d'un verre bleu, l'autre d'un rouge ? .. Quelle imagination d'avancer, que nos ſenſations ne ſont cauſées que par le concours des eſprits animaux dans les filieres nerveuſes, & par les divers contacts des objets qui frappent nos ſens ! Etoit-ce à l'appui de la probabilité, que les eſprits animaux ne ſont autre choſe que le fluide électrique qui eſt la cauſe efficiente de nos ſenſations?.....Je crois pouvoir avancer que tous ces ſyſtêmes, quoique enfantés par des phyſiciens & des phyſiologiſtes du plus haut mérite, ſont erronnés & qu'ils ſont même fort éloignés des loix de la Phyſique.

Mon intention n'eſt pas, dans une ſi courte deſcription de la viſion, de contredire les ſyſtêmes dont je viens de faire l'énumération; j'en laiſſerai au lecteur une comparaiſon à faire avec celui que j'établis : *ſuum cuique pulchrum.*

Je donne un précis de la ſtructure du globe de l'œil, & des parties qui le compoſent, afin que les mots téchniques ne faſſent point d'obſtacle à l'intelligence de ceux qui n'ont pas de connoiſſances Anatomiques. Après quoi je paſſe à une explication de l'opération de l'eſprit, qui ſert à nous faire comprendre la manière dont nous concevons, & à la deſcription du paſſage des rayons de lumière dans le globe de l'œil.

J'ai consuté tous les Auteurs qui m'ont paru se rapprocher le plus des loix de la Physique ; si l'usage & l'application que j'en ai fait sont du goût des connoisseurs, c'est ce que je ne puis encore dire.

Des parties du Globe de l'Œil.

FIG. I.

Le nerf optique A, est situé à la partie postérieure & latérale interne du globe de l'œil. La Retine, qui est un épanouissement de la substance médullaire du nerf optique, est désignée par ce cercle de points qui s'étend intérieurement autour du globe, depuis le nerf optique, jusqu'aux points de réunion, B &

C : elle eſt tranſparente & d'un tiſſu ſi lâche & ſi délicat qu'elle ſe déchire au moindre attouchement.

La Sclérotique, RB, RC, compoſe les parties latérales & poſtérieures du globe de l'œil ; elle eſt blanchâtre & opaque dans toute ſa ſubſtance. Cette membrane eſt percée en avant & en arriere ; poſtérieurement pour donner paſſage au nerf optique, A, & antérieurement pour tenir la cornée B, E, C, comme eſt un verre de montre dans le chaſſis de la boëte qui le contient.

La Choroïde eſt déſignée par cette petite ligne qui eſt placée entre la Sclérotique & la Retine.

Elle eſt compoſée de deux lames appuyées l'une ſur l'autre, qui ſont formées par un lacis de fibres, de filets nerveux & de vaiſſeaux lymphatiques, d'où il filtre une humeur noire qu'on appelle *meconium*, qui ſe répand dans toute l'étendue des deux lames, pour empêcher le paſſage des rayons viſuels.

Le corps vitré, G, reſſemble à une gelée tranſparente, qui occupe la partie poſtérieure du globe de l'œil, juſqu'au plexus ciliaire, B, C. Ce corps eſt élaſtique, compoſé de deux tuniques ou membranes, & d'une eau très-lympide. A ſa partie antérieure eſt une cavité, dans laquelle eſt logé le cryſtallin, D, comme un diamant l'eſt dans le chaton d'une bague. Cette cavité prend une figure conique, après l'extraction du cryſtallin. La membrane du corps vitré, eſt adhérente à la Retine, par des vaiſſeaux lymphatiques. Le diametre du corps vitré eſt de ſept ou huit lignes, pour l'ordinaire. Son uſage eſt de conſerver les membranes de l'œil dans un état de tenſion naturelle, de contenir le cryſtallin, de ſervir à la refraction des rayons de la lumière, de ſuppléer par ſa figure conique, au cryſtallin lorſqu'il eſt au déhors, & de ſervir à la régénération de l'humeur aqueuſe. Le cryſtallin, D, eſt un corps lenticulaire, envelopé d'une membrane qu'on appelle cryſtalloïde. Il eſt plus convexe à ſa partie poſtérieure qu'à ſa partie antérieure ; & a beaucoup de rapport au cryſtal le plus diaphane, mais ſeulement lorſqu'on eſt jeune. A l'âge de trente ans il commence à acquerir une couleur légérement ambrée, qui augmente juſqu'à l'opacité, d'où réſulte la cécité de l'organe. L'altération du cryſtallin, qu'on dénomme ſous le mot *cataracte*, peut arriver par un coup reçu à l'œil, par l'application de médicamens dont on ne connoît pas la nature, &c.

La chambre poſtérieure, *m*, *m*, eſt une eſpace qui comprend depuis le cryſtallin juſqu'à l'iris, B, *o*, C, *o*; elle eſt remplie d'un fluide diaphane qu'on appelle humeur aqueuſe. Du cryſtallin au trou de l'iris, appellé pupille, il y a un intervalle d'une demi-ligne.

La chambre antérieure, *n*, *n*, eſt une eſpace qui comprend depuis l'iris juſqu'au centre de la cornée, E : elle eſt remplie de la même humeur que la chambre poſtérieure ; ſon eſpace eſt d'une ligne & demie pour l'ordinaire.

La pupille, I, eſt un trou, placé preſque dans le centre de l'iris, qu'on appelle auſſi prunelle ; elle eſt ſuſceptible de contraction & de dilatation, lorſque l'œil eſt expoſé ſucceſſivement à une foible lumière & à une plus forte. Cette contraction & dilatation a lieu, quand on examine ſucceſſivement des objets éloignés & voiſins.

L'iris B, *o*, C, *o*, eſt une membrane diverſement colorée, qui fait qu'on nomme l'iris noir, chatain, gris, bleu, &c. L'iris a des fibres droites & circulaires, ſituées à la circonférence de la pupille; lorſque les fibres circulaires ſe contractent, elles dilatent la pupille : au contraire les fibres droites étant en action, cette ouverture a moins de diametre : l'iris fait la diviſion des chambres de l'œil.

La cornée, B, E, C, occupe la

partie antérieure du globe de l'œil; elle eſt beaucoup plus épaiſſe que les parties latérales de la Scléroti- que. Cette membrane eſt tranſ- parente & compoſée de pellicules adaptées les unes ſur les autres par un lacis de vaiſſeaux lym- phatiques & filets nerveux: chaque pellicule a ſon étendue du centre à la circonférence.

Le plexus ciliaire, B & C, eſt une élévation pliſſée en manière de poignet de chemiſe. Il eſt joint dans toute ſa circonférence au lymbe de la cornée; c'eſt dans cette ſeule partie que l'iris eſt adhérente, car le reſte de ſon étendue juſqu'en O, *o*, nage dans l'humeur aqueuſe.

La

La couronne ciliaire B*r*, C*r*, eſt un amas de filamens très-délicats qui entourent le cryſtallin.

Toutes les membranes qui compoſent le globe de l'œil, ſont engrenées les unes dans les autres par leurs bords voiſins, & jointes dans leur étendue par des filets nerveux, des vaiſſeaux ſanguins & lymphatiques qui leur diſtribuent le ſuc propre à leur nutrition.

Du Métaphyſique, par rapport à la viſion.

Il me ſemble que l'Auteur d'un mémoire ſur l'œil, & celui qui ait le plus rapproché ſon ſyſtême de la viſion des loix de la Phyſique & de la Méthaphyſique, ſans cependant nous en avoir laiſſé une connoiſſance certaine ; dans ſon diſcours ſur la néceſſité de l'obſervation, même mémoire, il nous en a promis un Traité plus ample & plus certifié par de nouvelles expériences ; mais. . . . Le pivot qu'il nous a annoncé, lui a ſans doute paru trop défectueux, après y avoir réfléchi, pour y avanturer les gonds de ſa méchanique, ſans courir les riſques de nous agacer. Il avance, « que les Phyſiciens & les Phiſiologiſtes ont dit que nos ſenſations » ne ſont cauſées que par le con» cours des eſprits animaux dans

» les filieres nerveuses, & par les di-
» vers contacts des objets qui frap-
» pent nos sens. Je ne sais, dit-il,
» s'ils ont bien compris ce que c'est
» qu'esprit animal, du moins les
» idées qu'ils nous en ont transmi-
» ses, sont fort obscures. Il est pro-
» bable, ajoute-t-il, que les esprits
» animaux ne sont autre chose que
» le fluide électrique, qui est la
» cause efficiente de nos sensations ».

J'ose assurer l'Auteur, qu'il est dans l'erreur, non-seulement quant au systême qu'il paroît adopter, mais encore sur ce qu'il dit des Physiciens & des Physiologistes, qu'il a mal interprétés.

Je ne m'arrêterai pas ici à faire

l'analyſe des ſyſtêmes qui ont été publiées ſur la maniere dont nous voyons & concevons les objets dans des traités d'optique, dioptique, catoptrique & autres; pour établir celui que je donne ſur les ruines de ceux-là, parce que je ſerois obligé de ſortir des bornes que je me ſuis preſcrites; & qu'en outre, mon deſſein n'eſt pas de diſcuter avec les Auteurs de ces ouvrages. Je me permets ſeulement de leur obſerver que la chambre noire, ſur laquelle ils fondent toutes leurs propoſitions, leur a fourni des idées différentes de celles qu'ils devoient adopter; parce que les rayons qui partent des objets extérieurs, pour ſe rendre ſur les parois internes de la chambre, & y peindre les objets renverſés, ne ſont point du tout la cauſe de leur croiſon au paſſage du trou, mais bien la réflexion des rayons ſur les parois de celui-ci. En outre, ils ont conclu que notre œil faiſoit le même effet que le trou de leur chambre noire : ce qui eſt abſurde.

La faculté de voir les objets dans leur ſituation naturelle, a fait le ſujet de pluſieurs ſavantes diſſertations. Leur but étoit d'établir la raiſon pour laquelle, avec nos deux yeux, nous ne voyons qu'un ſeul objet, tandis que ſon image paroît être tracée au fond de chaque œil, ſuivant plusieurs expériences qui ont été faites pour venir à cette connoissance. On ne s'apperçoit qu'on est dans l'erreur, même à l'appui de l'observation & de l'expérience répétée, que lorsqu'on voit de la contradiction entre le physique & le métaphysique, par le défaut d'une juste application. En effet, le vrai systême de notre maniere de voir & de concevoir, n'a été ignoré jusqu'ici, que parce qu'on s'est buté sur la vision des objets renversés & la croison des rayons de lumieres, avant leur passage du crystallin; ce qui n'existe pas, comme je le prouverai dans la suite.

Le genre nerveux est reconnu

pour le principe de nos ſenſations. Nous concevons par deux opérations ; la ſenſation & la réflexion : nous pouvons ſentir ſans réfléchir ; mais cette derniere opération ne peut avoir lieu ſans la premiere ; ainſi, lorſque nous avons réfléchi ſur un objet quelconque, il doit s'être précédé une ſenſation. Dans les premiers jours de notre exiſtence, nous avons la faculté de ſentir, ſans avoir celle de réfléchir ; autrement il faudroit accorder que nous avons des idées innées, & nier que les objets extérieurs ne produiſent pas nos idées ; ce qui ſeroit abſurde.

Les rayons qui partent des objets qui nous environnent ; vont faire, malgré nous, leur impreſſion ſur la Retine, ſi nos yeux ſont ouverts ; mais, d'une quantité de rayons qui partent d'une quantité d'objets, il n'y en a qu'un de ces derniers qui emploie la réflexion, comme je l'expliquerai ci-après. Un fou eſt ſuſceptible de ſentir, lorſqu'il eſt frappé ; mais il ne l'eſt pas de réfléchir ſur un objet qui le frappe ; & quelle en eſt la raiſon? Parce que, s'il réfléchiſſoit, il ceſſeroit d'être fou au moment de la réflexion qui eſt une connoiſſance que l'eſprit prend de ſes propres opérations & de leur maniere de s'opérer. Il nous reſte donc à connoître de quelle façon la ſenſation s'opere dans le méchaniſme de l'œil, pour avoir, par le moyen de la réflexion, la faculté de raiſonner ſur la maniere que les objets ſont vus & conçus.

Du Phyſique de la Viſion.

Les rayons qui partent d'un objet, vont ſe rendre au fond du globe de l'œil, s'ils ne ſont point interceptés dans leur paſſage hors du globe, parce que les humeurs qu'il contient, & les capſules qui les y retiennent, ſont tranſparentes. Si de l'objet AD, *fig.* 2, il en part un ſeul rayon qui ſe trouve indiqué par le nombre 4 ; il paſſe par le centre de la cornée au point G, par celui du cryſtallin, au point G, pour enſuite parcourir l'humeur vitrée, & arriver ſur la Retine, au point B, & y être abſorbé par le *meconium* qui tapiſſe la choroïde. Si-tôt que ce rayon eſt arrivé ſur l'organe immédiat de la vue, il y fait une impreſſion, ou ſi vous voulez, il y produit une eſpece de ſecouſſe qui lui eſt ſenſible, & qui va ſe communiquer au cerveau ; de-là, *ſenſation.* Cette opération achevée, nous réfléchiſſons ſur l'objet d'où part le rayon, ſoit ſur ſa couleur, ſi nous avons une connoiſſance premiere des couleurs, ſoit ſur ſa rondeur ou autre forme par la même raiſon ; alors nous nous en formons une idée, qui fait l'objet de la conception. Si ce rayon qui part du point indiqué par le nombre 4, n'étoit pas abſorbé ſur la Retine au point, B, il continueroit ſa route pour aller juſques ſur la ſurface de la Choroïde ou de la Sclérotique, s'il n'étoit pas plus abſorbé ſur la Choroïde que ſur la Retine, ſans opérer la ſenſation. La nature n'a donc revêtu le Choroïde de *meconium*, que pour abſorber les rayons qui viennent ébranler la ſurface de la Retine.

On objectera peut-être ici qu'il

y a des animaux dont la Choroïde eſt dépourvue de *meconium* , & qui jouiſſent cependant de la faculté de voir. Ce fait ne peut être une objection, qu'à ſon défaut l'homme, dont l'organe en ſera dépourvu, ne dût être privé de la douce ſatisfaction d'appercevoir, parce qu'il importe peu que les rayons ſoient abſorbés par le *meconium* ou par d'autres diſpoſitions des parties qui compoſent le globe de l'œil. Ce point de Phyſiologie eſt trop délicat, & demande une diſſertation trop longue pour le deſſein que je me propoſe ici ; c'eſt pourquoi, je renvoi le Lecteur à la lecture d'un Mémoire ſur les maladies internes du globe de l'œil, qui contient trois obſervations relatives à ce ſujet.

La ſimple ſenſation que produit ſur l'organe immédiat de la vue des rayons qui partent d'un objet, n'eſt pas ſuffiſante, même avec le ſecours de la réflexion, pour nous le faire concevoir dans toutes ſes qualités & modifications, ſi nous n'avons pas des connoiſſances ſur les différentes idées qu'il peut nous préſenter. Un aveugle de naiſſance, à qui l'on ſait l'opération de la cataracte, en fournit une preuve évidente. Nous l'inſtruirons, autant qu'il nous ſera poſſible, dans le tems de ſon aveuglement, pour lui donner la faculté de réfléchir ſur des objets qu'il ne voit pas encore : nous ne réuſſirons jamais ; parce qu'il eſt impoſſible que nous produiſions en lui une réflexion qui ne peut avoit lieu qu'après l'opération de la ſenſation. C'eſt par la même raiſon que nous ne pouvons prêciſément dire, malgré que nous ayons idée des couleurs, toutefois après les avoir acquiſes, de quelle couleur eſt un objet infiniment petit, quoique nous le voyons réellement.

* Suppoſons, par exemple,

---

* N. B. Je ne rapporte pas ce fait comme nouveau, mais ſeulement pour me ſervir de preuve.

que nous ayons fait tous nos efforts pour faire entendre à un aveugle de naiſſance, que l'objet à lui préſenter, lorſqu'il aura recouvert la vue, eſt d'une forme ronde ou quarrée, d'une couleur bleue ou rouge, d'un plane uni ou rayé ; nous lui donnerons l'objet à manier, afin qu'il acquiere la faculté de réfléchir, d'après les ſenſations qu'il en aura éprouvées. Cela bien entendu, procédons à l'opération & enſuite aux expériences ſuivantes, après que ſes yeux ſeront ſains. Plaçons l'objet en queſtion à la diſtance de ſix pieds de l'opéré ; &, ſans le prévenir, mettons-en un autreà côté, à-peu-près de la même forme, mais d'une couleur différente, & dont le plane differe de l'autre. Faisons lui voir seulement les deux objets, & l'interrogeons sur les idées qu'il en a quant à la forme, à la couleur, &c. Que peut-il répondre ? Qu'il apperçoit deux objets, mais qu'il ne peut dire lequel des deux il a touché dans le tems de son aveuglement, quoiqu'il ait une mémoire parfaite de l'objet. Donnons-lui ensuite les deux objets à manier, nous remarquerons qu'il ne se trompera point. Quelle est la raison de ce phenomène ? C'est qu'il nous étoit impossible de lui procurer une sensation qui eût le même effet que celle qu'il éprouve par lui-même ; donc qu'il faut plusieurs sensations & réflexions pour nous procurer la faculté de concevoir un objet qui peut nous présenter une quantité d'idées. Si l'Opéré n'a pas pu nous dire lequel des deux objets étoit celui qu'il a touché avant l'opération, à la seule inspection, il a encore moins pu nous donner raison de la différence des objets, c'est-à-dire, s'ils étoient bleus, quarrés, &c. parce que ces connoissances exigent des sensations pour s'en former des idées. On peut donc raisonnablement avancer que les réflexions sont en raison des sensations, & que ces dernieres ne ſont pas en raiſon des premieres.

Toute l'étendue de la Retine eſt ſuſceptible de recevoir l'impreſſion des rayons de lumiere; mais plus il y en a de réunis ſous un ſeul point, plus la ſenſation doit être vive. Lorſqu'un objet eſt proche de l'œil, & qu'il a une étendue conſidérable, tous les rayons qui en partent, ne peuvent avoir leur paſſage dans le fond du globe de l'œil, ſans interception; c'eſt pourquoi, nous ne pouvons appercevoir l'objet dans le même inſtant, & tel qu'il eſt, ſans en parcourir ſucceſſivement tous les points, au moyen des mouvemens du globe ou de la tête.

On a cru jusqu'ici, mais à tort, que les objets qui partent d'un objet quelconque, se croisoient; c'est-à-dire, qu'un rayon qui part de l'extrêmité supérieure de l'objet, en supposant qu'il soit placé verticalement, vient se rendre, après son insertion, dans le globe de l'œil, à la partie inférieure de la circonférence de la pupille, & que celui qui part de son extrêmité inférieure, vient se rendre à la partie supérieure de la circonférence de la pupille, parce que tous les rayons qui partent de l'objet, passent au fond de l'œil, sans qu'il soit nécessaire que le globe se meuve, puisque l'objet est entiérement vu.

Pour nous convaincre du contraire, décrivons ſur une muraille bien blanche, & ſituée dans un lieu bien éclairé, une ligne noire tranſverſale, d'un pouce de largeur ſur ſix pieds de longueur, fermons enſuite un œil avec l'extrêmité des doigts d'une de nos mains, & fixons à la fois les extrêmités de la ligne noire avec l'autre œil, éloigné d'un pied ſeulement; alors nous nous appercevrons que le globe de l'œil fermé ſe meut ſous nos doigts pour ſuivre les mêmes mouvemens de notre œil ouvert, avec lequel nous nous efforçons, mais en vain, de fixer la ligne en entier. Plaçons-nous enſuite à la diſtance de ſix pieds, un œil toujours fermé & l'autre ouvert, nous remarquerons que les globes des yeux ne ſont pas ſujets à des mouvemens ſi conſidérables, qu'ils l'étoient à la diſtance d'un pied. Éloignons-nous juſqu'à ce que nous appercevions la ligne noire, ſans mouvemens de globes; pour lors nous concevrons aiſément que l'éloignement de l'objet & ſon diametre ſont devenus viſiblement proportionnés à celui de la pupille; & qu'à ce moyen, tous les rayons ont leur paſſage au fond du globe de l'œil. Les rayons ne ſe croiſent donc pas, puiſque notre œil eſt obligé de ſe mouvoir pour parcourir tous les points de l'objet. Un exemple va nous éclaircir ce fait plus amplement.

Pour démontrer d'une maniere claire & intelligible que les rayons ont leur passage au fond du globe de l'œil, sans se croiser avant d'avoir parcouru l'humeur crystalline, supposons que de l'objet, AD, *fig.* 2, il en parte sept rayons, & que le pupille ait son diametre égal à la quantité de trois, les rayons, 1 IK, 2 HL, 6 HL, 7 IK, ne peuvent avoir leur entrée dans le fond du globe de l'œil, parce qu'ils sont interceptés par l'iris aux points, KL ; mais les rayons, 3 FECB, 4 GB,

5 FECB, ont la faculté de passer sans interception. Le rayon central passe, sans subir de réfraction, jusqu'au fond du globe, pour arriver sur la Retine au point, B; les deux autres en subissent une parallélement l'un à l'autre. S'il arrivoit que la convexité du crystallin fût moindre, le rayon, en se réfractant différemment, se rendroit au point, X, & son parallele, au point, Z. Dans ce cas, la sensation auroit lieu dans trois parties de la Retine, XBZ, qui n'est pas si vive qu'à la réunion du point, B. Il peut aussi arriver le contraire; c'est-à-dire, que le crystallin soit trop convexe, & par conséquent

faire ſubir aux rayons une réfraction bien plus ſenſible ; alors le rayon du point, C, centre de la convexité du cryſtallin, paſſe au point, P, & ſon parallele au point, O, en ſe croiſant au point, Y ; ce qui n'opere rien d'extraordinaire.

S'il arrivoit que nous vouluſſions voir l'objet, AD, ſans mouvoir le globe de notre œil, il faudroit que nous l'éloignaſſions à une diſtance qui rendît ſon diametre égal, du moins en apparence, à celui de la pupille ; pour lors il n'y a nulle difficulté à concevoir l'entrée des ſept rayons dans le fond du globe. Si nous voulons voir l'objet ſans l'éloigner, il faut de toute néceſſité, mouvoir le globe de notre œil; mais, de cette façon, nous ne pourrons le voir en ſon entier dans le même tems. Si nous faiſons un mouvement du globe, pour appercevoir les trois premiers points, le rayon, 2 HL, deviendra central, & paſſera au fond du globe, ſans ſubir de réfraction; les deux autres, 1 IK, 3 FECB, en ſubiront une parallele; alors les points 4, 5, 6, 7 ne ſeront plus apperçus, & ainſi du reſte.

Ce paſſage direct des rayons qui partent d'un objet quelconque, paroît bien plus naturel que de les faire croiſer. Si nous faiſons partir de l'objet, AD, les rayons, 1 F, 2 F, 6 F, 7 F, décrits dans la *fig.* 2me., il ne faut que faire attention à la diſpoſition des rayons & à celui de l'objet placé devant l'œil, pour s'appercevoir de l'interſection avant leur paſſage du cryſtallin. Il faut donc conclure que quand un objet eſt d'une étendue conſidérable & proche de nos yeux, qu'il nous eſt impoſſible de le voir tout entier, ſans qu'il s'opere un mouvement du globe ou de la tête; & qu'à ce moyen, il ne peut paſſer de rayons au fond du globe, qu'autant que le diametre de la pupille eſt étendu. Il faut auſſi conclure que le paſſage des rayons dans le fond du globe, eſt en raiſon du diametre de la pupille & de l'éloignement de l'objet.

Tous les hommes ne voyent pas les objets à la même diſtance, parce que la forme du globe de l'œil & la conſtitution des parties qui le compoſe, varient à l'infini. Il y a des vues de différentes eſpèces, telles que la myopie, la presbytie, &c. chacunes d'elles ont des cauſes particulieres, qui ſont aſſez connues pour me diſpenſer d'en parler.

L'impoſſibilité d'appercevoir un objet à une diſtance conſidérable, eſt aſſez facile à concevoir, ſi on veut ſe donner la peine d'examiner que plus l'objet eſt éloigné d'un œil, moins il y a de rayons pour faire l'impreſſion ſur la Retine; parce que les rayons qui partent d'un objet dont le diametre eſt plus étendu que celui de la pupille, ſe confondent enſemble. Pour connoître au juſte le rapport de la confuſion des rayons, & la diſtance à laquelle nous ne devons plus voir un objet d'une étendue donnée, il faudroit que nous puiſſions calculer exactement combien il y auroit de points indiviſibles, d'où il partiroit autant de rayons; ce qui devient une opération difficile. Malgré cela, il eſt poſſible de s'en rendre une raiſon ſuffiſante par le ſecours de l'hypothèſe.

Suppoſons un point de réunion, N, *fig.* 5, & un objet, AB, diviſé en quatre parties égales, & que chacune d'elles forme un point indiviſible ; ſuppoſons auſſi que de ces quatre points, il en parte quatre rayons qui vont ſe réunir au point N, comme, AN, PN, ON, BN. Ces quatre diſtances compriſes dans l'objet, AB, ne formant que quatre points indiviſibles, nous ferons partir chaque rayon du centre de chaque diſtance, & nous ſuppoſerons une quantité continuée depuis B juſqu'à M, & depuis A juſqu'à M, qui fait la ſomme égale d'une des diſtances que nous ſuppoſons être des points indiviſibles; parce que, ſans cette ſuppoſition, il partiroit de l'objet cinq rayons qui rendroient le calcul plus difficultueux.

Plaçons l'objet, AB, à la diſtance de, C D, *même figure*, il y aura deux rayons de moins, parce que ſon diametre a diminué à proportion de l'éloignement; & qu'à ce moyen, l'objet éloigné une fois de plus du point de réunion, N, les rayons doivent, par ſuite, être diminués de moitié. Si nous ne l'euſſions éloigné que d'un quart, d'un cinquieme, d'un ſixieme, &c. il y auroit eu diminution en raiſon de l'éloignement. Il doit être entendu que le diametre de l'objet ne diminue pas réellement, mais ſeulement en apparence.

Plaçons l'objet, AB, à la diſtance, FF, du point de réunion, N, il n'y aura qu'un rayon de plus de diminué, parce que nous n'avons éloigné l'objet que de trois quarts du point de réunion; en conſéquence, il n'en doit plus partir qu'un rayon. Éloignons l'objet à la diſtance, GH, du point de réunion, alors il ne ſera plus viſible, parce qu'il n'y a plus de partie de l'objet, d'où il puiſſe partir de rayon, pour opérer la ſenſation ſur l'organe de la vue.

On doit entendre que la diſtance, FF, eſt devenue égale à une des quatre compriſes dans l'objet, quoique la figure ne le démontre pas, parce que ceci n'eſt qu'un calcul d'imagination, qu'il eſt impoſſible de décrire.

La raiſon pour laquelle nous voyons des objets de même nature à de certaines diſtances, tandis que d'autres nous y ſont inviſibles, eſt auſſi facile à concevoir. Suppoſons que la pupille, I, *fig.* 4, ait cinq lignes de diametre; que de l'objet, MM, il en parte cinq rayons de cinq lignes de diametre chacun, & que l'objet ſoit diſtant de la pupille de vingt lignes, le troiſieme rayon

rayon dont le diametre est égal à celui de la pupille, I, partant du milieu de l'objet éloigné de cinq lignes, sera également sensible à l'organe immédiat de la vue, que cinq autres objets, chacun de même diametre, & joints ensemble, d'où il partira cinq rayons, à vingt lignes de distance de la pupille.

Pour se convaincre de cette vérité, calculons la confusion des quatre rayons inclinés, 1 Y, 2 Y, 4 Z, 5 Z; alors nous remarquerons la justesse du rapport de notre calcul des objets placés en AB, CD, EF, MM. Si nous comparons la distance *d* D, à celle *h* M, qui désigne l'inclination & la confuſion des rayons, nous verrons que la premiere ne fait que la moitié de la ſomme de la derniere, parce que les objets ſont diſtans de la pupille une fois l'un plus que l'autre. Si nous comparons la diſtance, *b* B, à celle, *f* F, nous verrons que la premiere n'eſt que le tiers de la derniere, parce que les objets ſont diſtans de la pupille un tiers l'un plus que l'autre; c'eſt-à-dire, que, *b* B, eſt à, *f* F, ce que, *d* D, eſt à, *h* M, d'où il faut conclure qu'un objet de même nature eſt également vu à la diſtance de cinq lignes, s'il a cinq lignes de diametre, & la pupille autant; que ce même objet ſeroit vu à la diſtance de vingt lignes, s'il avoit vingt-cinq lignes d'étendue, parce que la confusion des rayons inclinés est toujours proportionnée à l'éloignement & à l'étendue de l'objet d'où ils partent.

On est étonné pourquoi, avec nos deux yeux, nous ne voyons qu'un seul objet, tandis que chaque œil est susceptible de recevoir l'impression des rayons de lumiere, qui viennent frapper l'organe immédiat de la vue. Il ne faut que se donner la peine d'examiner deux objets à la fois, dont l'un sera placé à gauche, & l'autre à droite, pour se convaincre de l'impossibilité qu'il y a de les voir séparément de chaque œil. Si nous nous efforçons de voir à notre droite & à notre gauche dans le même tems, & que nous voulions forcer l'un des globes de nos yeux avec nos doigts, pour rendre leur ſituation non-parallele, afin de voir ſéparément deux objets, nous ſentons que nous n'y parvenons qu'avec peine, & ſans être ſatisfait de notre curioſité; parce que, ſi-tôt que le globe d'un œil eſt forcé de ſe mouvoir contre nature, la force qui l'oblige au mouvement, produit une ſenſation beaucoup plus forte que l'impreſſion des rayons ſur la Retine, & qu'à ce moyen, la réflexion s'y emploie. Outre que nous ne pouvons réfléchir en même temps ſur deux ſenſations, quoique imprimées dans le même inſtant, c'eſt que l'Auteur de la nature l'a ainſi voulu pour le ſoulagement de chaque œil, & éviter la confuſion dans laquelle nous ſerions à chaque moment; parce que, ſi nous admettons que des yeux louches, comme cela arrive, voyent à la fois deux objets différens de chaque œil, nous ne pouvons pas, par la même raiſon, accorder deux réflexions dans le même moment. L'exemple ſuivant va nous rendre ce point plus familier.

Le Strabiſme ou l'œil louche eſt occaſionné par une ſituation extraordinaire du cryſtallin, qui fait ſubir aux rayons qui partent d'un objet;

des réfractions différentes de celles d'un œil bien formé. S'il part du point, A, *fig.* 3, un ſeul rayon, il paſſe directement par le centre du cryſtallin, O, pour arriver au point, B; au contraire, s'il partoit du point, C, pour arriver au point, D, il faudroit que le cryſtallin fût ſitué comme, P; autrement il ſubiroit une réfraction dès ſon inſertion dans la cornée, au point, X, qui ſe continueroit juſqu'à, Y, où il ſeroit intercepté par l'iris.

Les rayons, CD, dans les deux globes de la *fig.* 3, ne ſont point parallele; au moyen de quoi, ils ont chacun la faculté de voir ſéparément : mais, comme il eſt néceſſaire qu'un œil ſuive le mouvement de l'autre, par les raiſons que j'ai données plus haut, le globe de l'œil, dont le cryſtallin eſt ſitué extraordinairement, fait un mouvement de gauche à droite, pour rendre les deux rayons parallele entr'eux. C'eſt alors qu'un œil ſemble fixer un objet différent de l'autre, tandis qu'ils ſont tous les deux occupés du même. Ainſi, nous ne devons pas être ſurpris de ce que nous ne voyons qu'un ſeul objet avec nos deux yeux, quoiqu'il s'opere une ſenſation ſur chaque œil, puiſqu'il nous eſt impoſſible de réfléchir ſur deux objets différens dans le même tems : c'eſt ce qui fait que la multiplicité des ſenſations ne peut nous faire entendre que nous devrions voir & réfléchir à deux objets ſéparés, ſans qu'il y ait intervalle.

FIN.

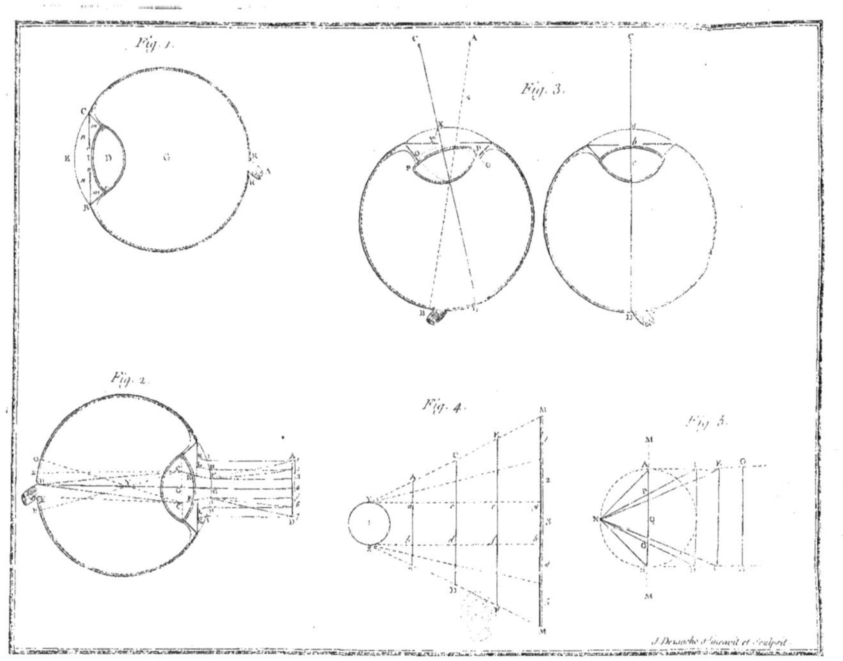
Fig. 1.
Fig. 2.
Fig. 3.
Fig. 4.
Fig. 5.

www.ingramcontent.com/pod-product-compliance
Ingram Content Group UK Ltd.
Pitfield, Milton Keynes, MK11 3LW, UK
UKHW031057260726
13965UKWH00006B/1431